当诗词遇见科学

陈征 著

12

北京时代华文书局

图书在版编目（CIP）数据

当诗词遇见科学：全20册 / 陈征著 . — 北京：北京时代华文书局，2019.1（2025.3重印）

ISBN 978-7-5699-2880-8

Ⅰ . ①当… Ⅱ . ①陈… Ⅲ . ①自然科学－少儿读物②古典诗歌－中国－少儿读物 Ⅳ . ①N49②I207.22-49

中国版本图书馆CIP数据核字(2018)第285816号

拼音书名｜DANG SHICI YUJIAN KEXUE：QUAN 20 CE

出 版 人｜陈 涛
选题策划｜许日春
责任编辑｜许日春 沙嘉蕊
插　 图｜杨子艺 王 鸽 杜仁杰
装帧设计｜九 野 孙丽莉
责任印制｜訾 敬

出版发行｜北京时代华文书局 http://www.bjsdsj.com.cn
　　　　北京市东城区安定门外大街138号皇城国际大厦A座8层
　　　　邮编：100011 电话：010-64263661 64261528
印　　 刷｜天津裕同印刷有限公司
开　　 本｜787 mm×1092 mm 1/24　 印　 张｜1　 字　 数｜12.5千字
版　　 次｜2019年8月第1版　　 印　 次｜2025年3月第15次印刷
成品尺寸｜172 mm×185 mm
定　　 价｜198.00元（全20册）

自 序

　　一天，我坐在客厅的沙发上，望着墙上女儿一岁时的照片，再看看眼前已经快要超过免票高度的她，恍然发现，女儿已经六岁了。看起来她一直在身边长大，可努力搜索记忆，在女儿一生最无忧无虑的这几年里，能够捕捉到的陪她玩耍，给她读书讲故事的场景，却如此稀疏……

　　这些年奔忙于工作，陪孩子的时间真的太少了！

　　今年女儿就要上小学，放眼望去，小学、中学、大学……在永不回头的岁月中，她将渐渐拥有自己的学业、自己的朋友、自己的秘密、自己的忧喜，直到拥有自己的家庭、自己的人生。唯一渐渐少了的，是她还愿意让我陪她玩耍，给她读书、讲故事的时间……

　　不能等到孩子不愿听的时候才想起给她读书！这套书就源自这样的一个念头。

　　也许因为我是科学工作者，科学知识是女儿的最爱，她每多了解一个新的科学知识，我都能感受到她发自内心的喜悦。古诗词则是我的最爱，那种"思飘云物动，律中鬼神惊"的体验让一个学物理的理科男从另一个视角感受到世界的美好。当诗词遇见科学，当我读给孩子，这世界的"真""善"与"美"如此和谐地统一了。

书中的科学知识以一个个有趣的问题提出，目的并不在于告诉孩子答案，而是希望引导孩子留心那些与自然有关的细节，记得观察生活、观察自然；引导孩子保持对世界的好奇心，多问几个为什么。兴趣、观察和描述才是这么大孩子的科学教育应该做的。而同时，对古诗词的赏析，则希望孩子们不要从小在心里筑起"文"与"理"之间的高墙，敞开心扉去拥抱一个包括了科学、文化和艺术的完整的世界。

不得不承认，这套书选择小学语文必背的古诗词，多少还是有些功利心在其中。希望在陪伴孩子的同时，也能为孩子的学业助一把力。

最后，与天下的父母共勉：多陪陪孩子，趁着他们还没长大！

目 录

唐 刘禹锡

浪淘沙
làng táo shā

九曲黄河万里沙，浪淘风簸自天涯。
jiǔ qū huáng hé wàn lǐ shā　　làng táo fēng bǒ zì tiān yá

如今直上银河去，同到牵牛织女家。
rú jīn zhí shàng yín hé qù　　tóng dào qiān niú zhī nǔ jiā

1 浪淘沙：唐教坊曲名，后作词牌名。

2 浪淘风簸：黄河卷着泥沙，风浪滚动的样子。

3 自天涯：从天边而来。古人认为黄河的源头和天上的银河相连。

译
文

九曲黄河就像个醉汉似的，携着万里黄沙，在北国大地上蜿蜒奔腾，时而低吟，时而咆哮，展现出磅礴的气势，给人君临天下的威严。奔流的河水，翻滚的泥沙，似乎都来自天际。远远望去，黄河蜿蜒奔流，似乎直上九天。那请带我沿着黄河扶摇而上吧，直抵浩瀚的银河，到勤劳善良的牛郎织女家中做客，喝杯茶，聊聊天。

银河有多长？

　　黄河是中华民族的母亲河，是中国的第二长河，全长约5464千米。乘坐现在最快的高铁复兴号，走完这个长度大约需要十五六个小时。

　　银河则是天上的一条"河"，也叫"天河"。它是从北到南纵贯夜空的一条银白色亮带。这条"河"让人类的各个文明都产生了许多美丽的遐想。直到伟大的科学家伽利略用望远镜观察它，才发现这条河原来是由无数的恒星组成的。

今天我们知道，银河系是由上千亿颗恒星以及大量星团、星云、星际气体和尘埃组成，它的形状像一个旋转的大盘子。因为我们地球所在的太阳系本身就是银河系的成员，在这个大盘子中距离中心 2.6 万光年的地方，当我们从盘子中向外望去，看到的只是银河系一部分的侧面，所以看起来像一条"河"。银河系的直径足有 16 万光年，它的长度是黄河的 277 万亿倍，就算是这个世界上跑得最快的光，从一端跑到另一端也要 16 万年。

牵牛织女家有多远？

牵牛星也叫牛郎星，它和织女星分居在天河的两岸，牛郎星在东岸而织女星在西岸。这是两颗有着浪漫传说的星星。

牛郎星的学名叫"河鼓二""天鹰座 α"，属于天鹰星座，是一颗比太阳更热更年轻的恒星，它的直径大约是太阳的两倍，是全天排名第 12 亮的恒星。它的自转特别快，所以变得有点儿扁，成了一个椭球。相对于我们太阳漂亮的球体，牛郎星其实是个矮胖墩。

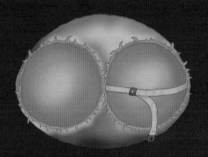

织女星的学名则叫"天琴座α"，属于天琴星座，它的年龄只有太阳的 1/10，可是由于质量是太阳的两倍，所以科学家估计它的寿命可能也只有太阳的 1/10。在这短暂的生命中，它毫不吝惜地发光发热，是全天第 5、北半球第 2 亮的恒星。

牛郎星距离我们地球大约有 16.7 光年，织女星离我们地球大约有 25 光年，它们之间则相距 16 光年。别说去串门，就算是打个电话，我们在地球上说句话，牛郎星要 16.7 年后才能听见，织女星听见则得 25 年以后。牛郎星和织女星之间的电话延迟也要 16 年之久，这真是个不近的距离！

赋得古原草送别
fù dé gǔ yuán cǎo sòng bié

唐 白居易

离离原上草，一岁一枯荣。
lí lí yuán shàng cǎo，yí suì yì kū róng

野火烧不尽，春风吹又生。
yě huǒ shāo bú jìn，chūn fēng chuī yòu shēng

远芳侵古道，晴翠接荒城。
yuǎn fāng qīn gǔ dào，qíng cuì jiē huāng chéng

又送王孙去，萋萋满别情。
yòu sòng wáng sūn qù，qī qī mǎn bié qíng

1 赋得：古人作诗，凡是指定、限定的试题，按惯例要在题目上加"赋得"二字。

2 离离：花草茂盛的样子。

3 侵：侵占，长满。

4 王孙：本指贵族后代，这里指离家远游的人。

5 萋萋：形容草木茂盛的样子。

译
文

在荒城古道边，我与知心好友把酒言欢，临别之际，有说不尽的话。郊野的景色真是美极了，原野上的青草多么茂盛，蔓延过古道，直至荒城边，尽是一片翠绿。青草每年秋冬枯落春来萌发，生命力真是好顽强啊！野火只能烧死枯干的叶片，春风吹来大地又是一片葱绿。我又一次送走知心好友，茂密的青草代表我送别时的深情。

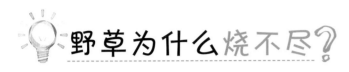

野草为什么烧不尽？

随处可见的野草，虽然看起来很不起眼，比其他诗歌中提到的苔藓大不了多少。可事实上，大多数野草和那些高大的树木同属于植物界中最高级的种类——种子植物。它们有分工明确的根、茎、叶，体内有输送养料的小管道——维管，通过它们的种子——草籽来繁衍后代。

茎

叶

根

伴随着一年里春夏秋冬的四季变换，小草的生命状态也随之变化。春天时，随着天气变暖，小草长出嫩芽；夏天时，小草努力吸收充足的阳光，茁壮成长并结出草籽；到了秋天，天气变冷，小草开始枯萎；寒冷的冬天降临时，小草的茎和叶子都完全凋零，但埋藏在土里的根依然蕴藏着生命力。等到明年春天到来时，小草的根上会重新发芽，长出新的茎和叶。

草原上的野火也只能烧掉小草的茎和叶，它们埋在土里的根有大地的保护，并没有被烧死，等到天气暖和，雨水滋润大地的时候，它们就会重新发芽，变成新的草原。所以诗人才有"野火烧不尽，春风吹又生"的感叹。

古道上的野草是怎么长出来的？

小草繁育后代是通过散播自己的种子来实现的。可是小草是植物，自己并不会移动，它们是怎么散播自己的种子呢？

神奇的大自然赋予了小草许多巧妙的办法。有些小草的种子上会有降落伞一样的东西，当有风吹过时，这些小降落伞就能带着小草的种子随风飞舞，飘到其他地方。另外一些小草则会在种子外面长出美味的果子，吸引小鸟或者其他动物来吃，藏在果实中的种子被小鸟们吃下去后并不会被消化，而是随着小鸟的粪便排出体外，于是小草的种子就被小鸟带到了其他地方。

　　古时候的道路通常是夯实的土路或者铺着砖石的道路。小草的种子随着风，或是随着小鸟的粪便落到土路上或砖石缝隙里的土壤中，只要有雨水的滋润和阳光的照耀，它们就能在那一点点土壤上生根、发芽、长大。

　　小草看似柔弱，但生命力特别顽强，即便是今天的水泥路或是柏油路，如果路面上有破损的地方露出一点点土壤，那么往往就会在不久后长出野草。

池上 chí shàng

小娃撑小艇，偷采白莲回。
xiǎo wá chēng xiǎo tǐng　tōu cǎi bái lián huí

不解藏踪迹，浮萍一道开。
bù jiě cáng zōng jì　fú píng yí dào kāi

释词

1 小娃：小孩儿。

2 白莲：白色的莲花。

3 浮萍：水生植物，叶子呈椭圆形，浮于水面，叶下有须根，夏季开白花。

译文

一个小孩儿撑着小舟，偷偷采了白莲回来，行色匆匆，唯恐被人看到。但是，他不知道怎么掩藏自己的行踪。水面上留下的那条船儿划过浮萍的痕迹暴露了他的行踪。不知被家人抓到私自外出采莲，他会不会受罚。

白莲是一种白色的莲花，因为洁白美丽，广受人们的喜爱。诗中小娃偷采的，是莲花瓣中包裹着的莲蓬，莲蓬上面镶嵌着白莲的种子——一颗颗散发着清香、美味诱人的莲子。

白莲虽然是种子植物，不过它的繁殖并不只依靠种子，还可以通过莲藕。

并不是所有埋在土里的都是植物的根。莲藕和我们平时吃的土豆、姜虽然埋在土里，却并没有从土壤中吸收营养的功能，它们主要负责输送和储存营养。所以莲藕、土豆、姜并不是植物的根，而是茎——埋在地下的"地下茎"。

就像树枝在向上生长的同时会不断分叉一样，埋在水底淤泥里的莲藕也在不断向四面八方分叉、生长，蔓延到所有有淤泥的地方；同时从莲藕上一节节的地方，还会不断向上长出新的莲花、莲叶，占据整个水面。

于是整个池塘都被占满了，其他的植物在水底没有地方扎根，水面上又抢不到地盘吸收阳光，所以在有莲花的地方，很难看到其他植物。

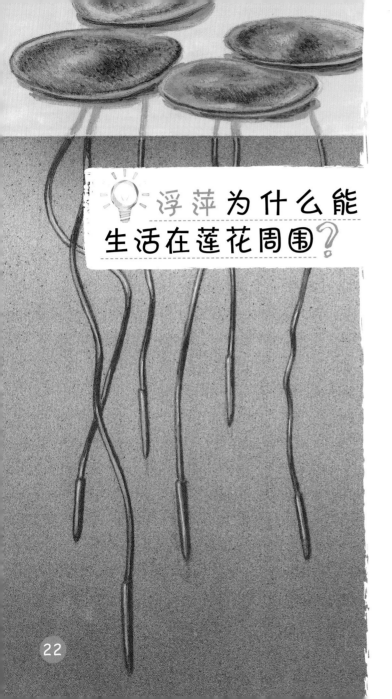

浮萍为什么能生活在莲花周围？

浮萍是一种小型的浮叶植物，它并不需要扎根在泥土里，而是通过漂在水里的丝状根从水中直接汲取营养，不需要和莲藕在淤泥中争抢地盘；同时浮萍的个头又很小，莲叶缝隙的那一点点阳光就能让它生长和繁殖，因而浮萍能够和莲花共生在一片池塘或者湖泊里。

　　别看浮萍小，它的生存和繁殖能力一点都不比莲花弱。浮萍从水中汲取养分的能力很强，而且它的繁殖很快，很短的时间就能挤满水面。其他水中的微生物、藻类等既抢不到水里的养分，阳光也都被浮萍挡住，难以生存。所以浮萍是很好的用来治理水污染的植物，它可以把水中的氮、磷等有机污染物作为养分来吸收，通过光合作用来转化成自己身体的一部分，为水中的鱼儿提供食物；同时又能抑制水中微生物和藻类的滋生，让水变得更干净、清澈。

科学思维训练小课堂

① 比一比，小草与大树的根、茎、叶有什么不同？

② 观察不同植物的种子都有哪些形状。

③ 除莲藕、土豆、姜以外，还有哪些植物的茎是可以食用的？

扫描二维码回复"诗词科学"

即可收听本书音频